Notice

SUR LES

EAUX MINÉRALES

DE CHAMBOST

(Rhône),

PAR F. MEZIAT,

DOCTEUR EN MÉDECINE.

Et fragilem nostri miseratus corporis usum ,
Telluri medicas fundere jussit aquas.

(CLAUDIANUS.)

LYON.

DE L'IMPRIMERIE DE CHARVIN,
rue Chalamon, 5.

1838.

NOTICE

SUR

LES EAUX MINÉRALES

DE CHAMBOST (RHONE).

Considérations sur les Eaux minérales.

En consultant les annales de l'antiquité, en parcourant l'histoire de toutes les époques qui se sont écoulées jusqu'à nous, on voit que tous ceux qui se sont livrés à l'art de guérir ont employé les eaux minérales dans le traitement d'un grand nombre des maladies qui affectent l'humanité.

On ne s'étonnera pas de cette prédilection de tous les temps pour ce moyen thérapeutique, si l'on considère que les eaux minérales sont des composés médicamenteux offerts par la nature, doués de propriétés fort actives dont la puissance médicatrice est attestée dans toutes les pages de la pathologie par les faits les plus nombreux et les plus éclatants.

Il n'est donc pas surprenant que de bonne heure leur vertu curative ait attiré l'attention des législateurs et des médecins chargés d'apporter des remèdes aux maux du corps humain et de veiller à l'hygiène publique. Mais trop souvent aussi l'esprit du merveilleux et de la cupidité s'est emparé de leur influence pour imposer à la crédulité. Les eaux minérales n'étaient

souvent envisagées qu'à travers le prisme de la pré-
vention ou de la superstition ; car le flambeau de la
science n'était pas encore venu dissiper les ténè-
bres qui couvraient ces temps d'ignorance. Les uns
les préconisaient comme un remède à tous maux ,
les autres les considéraient comme un présent des
cieux et les plaçaient sous la protection de quelques
divinités , comme le prouvent les inscriptions gravées
sur les monuments élevés auprès des sources les plus
célèbres.

De nos jours, le sujet qui m'occupe a été considéré
sous des aspects bien différents. Quelques auteurs ,
armés d'un scepticisme outré , ont trop méconnu
l'influence salutaire des eaux minérales dans le traitement des maladies. Quelques autres , fascinés par
un optimisme ridicule, n'ont pas craint de leur rendre
leur ancien prestige et de trouver en elles le *divinum
quid* ?

Toutefois je me hâte de le dire, je ne partage
l'opinion ni des uns ni des autres ; moins exclusif
dans ma manière de voir, je ne considère pas les
eaux minérales comme une panacée universelle pro-
pre à réparer tous les désordres survenus dans l'organisme animal , comme aussi je suis loin de mé-
connaître leur action médicamenteuse et de douter
du parti avantageux qu'on peut en tirer en médecine.
Il convient donc de les apprécier à leur juste valeur
et de les considérer sous un point de vue qui soit en
rapport avec l'état actuel de nos connaissances.

Les eaux minérales sont des composés thérapeutiques naturels doués d'une énergie plus ou moins

grande, en raison des gaz, du calorique et des substances minérales, métalliques, salines ou autres
qu'elles tiennent en suspension, principes qu'elles
ont dissous et dont elles se sont chargées ou saturées
en traversant divers gisements et en passant auprès
des foyers souterrains. Il existe dans la nature un
grand nombre de sources minérales. On en a décou-
vert dans toutes les parties du monde ; mais quel
que soit leur nombre, à l'analyse on y retrouve à
peu près toujours les mêmes principes, avec quelques différences seulement dans leurs proportions ;
aussi les chimistes modernes les ont-ils réduites à
quatre classes principales, savoir : les eaux sulfu-
reuses, les eaux acidules ou gazeuses, les eaux
ferrugineuses et les eaux salines, auxquelles dans
ces derniers temps on a ajouté les eaux iodurées.
Elles ont été divisées en froides et en chaudes ; la
température de ces dernières varie de dix-sept à
quatre-vingts degrés.

Il est donc rationnel de penser que des éléments
d'une telle activité peuvent être employés avec succès
pour modifier l'action vitale et rétablir dans l'économie le concours harmonique des fonctions physio-
logiques, unique principe de la vie.

Description de la source de Chambost et de la propriété physique de ses Eaux.

Les montagnes du Forez présentent dans leur
étude géologique des terrains stratifiés, schisteux,
séparés quelquefois par des couches arénacées.
Près du mont Boucivre, leur point culminant, élevé

à 4,000 pieds au-dessus du niveau de l'Océan (1),
on trouve des mines de plomb et d'antimoine,
déjà exploitées, et les sédiments ocracés qu'on ren-
contre à chaque pas sur les flancs de ces montagnes
attestent la présence des autres principes métalliques
qu'elles renferment dans leur sein.

L'aspect topographique de cette ramification des
Cévennes est extrêmement pittoresque : au nord-
est du point le plus élevé, la vue se prolonge sur les
crêtes d'une multitude de montagnes agrestes, dont
les chaînes resserrées ne laissent d'espace qu'à des
vallons de petite étendue, creusés par des ravins
pierreux et profonds.

Un horizon immense se déroule au côté ouest,
d'où l'on peut contempler un panorama des plus
majestueux. De nombreux villages, de magnifiques
côteaux couverts d'une végétation vigoureuse, de
riantes vallées fortement entrecoupées, des bois
touffus, des prés fertiles arrosés par des ruisseaux
frais et limpides ; plus loin, la plaine du Forez, sil-
lonnée par les eaux argentées de la Loire et couronnée
par les montagnes de l'Auvergne, offre un tableau
des plus agréables et des plus variés, sur lequel l'œil
se repose avec délices.

C'est à 150 mètres au-dessous du sommet du mont
Boucivre, à une lieue dans une direction sud-est,
qu'est situé le joli village de Chambost, et c'est à
cinq minutes de là, dans un vallon étroit et resserré

---

(1) Cette hauteur du mont Boucivre, ou Boussuivre, est donnée par le
bureau des longitudes de Paris.

par deux hautes collines, qu'on trouve les eaux qui font le sujet de cette notice. Plusieurs sources minérales sourdent le long d'une petite rivière qui serpente dans le vallon. Déjà depuis long-temps on avait apprécié leurs propriétés bienfaisantes dans certaines maladies, et elles avaient été désignées à l'attention des habitants sous le nom des Eaux ferrugineuses du Grand-Moulin ; mais, en raison de la déclivité du sol et de l'exhaussement du lit de la rivière, ces eaux ne pouvaient être obtenues qu'imparfaitement pures, et souvent les inondations et les infiltrations annihilaient complètement leur vertu ferrugineuse. Quelques travaux étaient donc indispensables pour isoler ces eaux et leur conserver leurs propriétés naturelles ; il était d'autant plus convenant de les faire, qu'il était déplacé d'aller chercher au loin les avantages que la nature avait prodigués si près et qu'on éviterait ainsi des déplacements toujours onéreux, d'ailleurs pour la plupart du temps impossibles à effectuer par les gens qui n'ont que leur travail de journalier pour subvenir à leurs besoins.

Il était réservé à M. le comte de Chambost de donner encore ici des preuves de la sollicitude qui l'anime pour tout ce qui peut contribuer au bien du pays. Dans sa pensée généreuse, monsieur le comte vient de faire exécuter à ses frais tout ce qui a été reconnu nécessaire pour la conservation de ces eaux et l'embellissement du sol.

La fontaine, telle qu'elle est maintenant, est placée à la jonction des chemins qui viennent de Panissières et de ceux qui se rendent au château et au bourg de Chambost (1). C'est là que, par un système de conduits et de bétonnage habilement dirigé, on a rassemblé dans un réservoir commun les eaux de différentes sources minérales qui offraient, à un même dégré de force, des principes de même nature. On a donné au réservoir 5 pieds de profondeur, afin qu'il puisse servir pour prendre des grands bains : il est protégé par une construction entièrement en pierres de taille, de la hauteur de six pieds, présentant la forme d'un triangle isocèle renversé, ayant à la base dix pieds de largeur et sur les côtés treize de longueur ; ce petit monument est placé de manière à servir de digue contre le débordement des eaux de la rivière.

L'eau minérale de Chambost jouit d'une saveur styptique ferrugineuse, légèrement acide ; elle verdit le sirop de violette et rougit la teinture de tournesol ; traitée par le prussiate de potasse, elle donne un précipité bleu et elle noircit par la noix de galle indigène.

Agitée fortement dans un verre, cette eau exhale une odeur assez sensible d'acide hydrochlorique, et cette odeur est d'autant plus marquée que la chaleur atmosphérique est plus grande et que l'air est plus chargé d'électricité.

(1) A environ cent pas de là, M. de Chambost fait creuser un puits de charbon. Les traces de houille qu'on a trouvées en travaillant aux fondations de la fontaine font espérer que cette entreprise sera couronnée d'un plein succès et que le pays sera, par ce moyen, doté d'un immense avantage de plus.

Une pièce blanche d'étoffe de coton ou de lin qu'on a préalablement fait bouillir dans une forte décoction de tanin et de noix de galle devient d'un beau gris noir après être restée pendant quelque temps dans la fontaine ; le lavage , répété plusieurs fois , n'enlève point cette couleur.

Dans le fond du réservoir, ainsi que sur les pierres où coule l'eau minérale dans le trajet qu'elle a à parcourir de la fontaine à la rivière, elle dépose un sédiment ocracé rougeâtre , formé en grande partie par du carbonate de fer et du carbonate de chaux. Placé sur la langue, ce sédiment, à l'état sec, donne la sensation d'une saveur styptique atramentaire qui fait crisper les papilles nerveuses de cet organe, même long-temps après qu'on l'a goûté. Cette matière tache le linge d'une manière indélébile.

L'eau minérale de Chambost, observée immédiatement après sa sortie de la fontaine, est d'une limpidité parfaite et d'une faible teinte verdâtre ; mais dès que cette eau est restée pendant quelque temps stagnante soit dans des vases clos, soit à l'air, dans des creux formés par l'inégalité du terrain sur lequel elle coule, elle perd sa transparence , se trouble et laisse déposer une espèce de vase formée par des filaments limoneux , blanchâtres et rougeâtres ; alors on voit aussi surnager à sa surface des pellicules en forme de nappes d'une matière grasse, bitumineuse et animalisée, sur laquelle les rayons lumineux semblent se décomposer et où l'on distingue parfaitement quelques-unes des couleurs prismatiques. Dans cet état l'eau a perdu son odeur ; son goût est celui de l'eau croupie et les réactifs n'ont plus sur elle la même action.

Les parois des vases dans lesquels on puise cette eau restent enduites de cette matière grasse et oléagineuse dont je viens de parler.

La source minérale est assez abondante ; elle peut fournir de quarante à cinquante pintes dans l'espace d'une heure ; cette quantité varie peu, même dans les temps de grande sécheresse, alors que les autres sources sont taries et que le lit de la rivière est à sec.

A la suite des grandes pluies et des inondations assez fréquentes dans cette partie de la montagne, l'eau de la fontaine est sensiblement altérée : elle se trouble et perd quelques-unes de ses propriétés minérales ; mais cela est de peu de durée : quelques heures après la cessation des causes perturbatrices, elle reprend ses qualités naturelles.

A la fontaine, l'eau marque sept degrés centigrades ; cette température varie à peine de trois degrés du temps le plus froid à l'époque la plus chaude.

Les différents réactifs employés dans l'analyse chimique des eaux minérales de Chambost découvrent dans la composition de ces eaux la présence du fer à l'état d'oxide et de carbonate, d'une matière grasse, bitumineuse, de quelques traces d'acide carbonique libre, du carbonate de chaux et de l'existence de quelques autres sels neutres, mais en petite quantité.

Mon intention était de donner une analyse plus exacte de ses principes minéralisateurs ; mais pour

déterminer avec une précision rigoureusement ma-
thématique la quantité respective de chacun d'eux,
il aurait fallu opérer par un procédé plus en grand,
et je regrette que la disposition des lieux et que le
manque d'instruments de laboratoire m'aient empê-
ché de le faire.

Des maladies dans lesquelles les eaux miné-
rales de Chambost sont indiquées comme
moyen de guérison.

De ce qui vient d'être dit dans le chapitre précé-
dent il résulte que les eaux de Chambost doivent
être classées parmi les eaux minérales ferrugineuses :
en conséquence, elles peuvent être administrées avec
quelques avantages dans le traitement des affections
où le fer et leurs autres principes de minéralisation
sont indiqués comme agents thérapeutiques.

Pour décrire ici toutes les maladies dans lesquelles leurs substances médicamenteuses pourraient
être employées, il me faudrait tracer un cadre noso-
logique trop étendu, qui dépasserait de beaucoup
les limites que je me suis prescrites et qui d'ailleurs
ne serait d'aucune utilité aux personnes auxquelles
cet opuscule est destiné. Il me suffira d'indiquer d'une
manière succincte les maladies qui doivent être sou-
mises à leur action médicatrice et je spécifierai
plus particulièrement celles qui règnent, pour ainsi
dire, d'une manière endémique dans les montagnes
du Forez. Je placerai en première ligne les maladies

scrofuleuses, affections qu'on observe fréquem-
ment dans nos contrées, dont les effets morbides semblent revêtir toutes les formes, attaquer
tous les organes, et qui laissent sur les malheureux
soumis à leur influence des traces aussi profondes
que multipliées. Ce sont des abcès indolents, des
ulcères blafards dont les cicatrices ne peuvent être
effacées par le temps ; des ophthalmies, des tumeurs
blanches, des exostoses et tout le cortège des symptômes du rachitisme ; la phthisie mésentérique et
même la phthisie pulmonaire, cette maladie qui dé-
cime d'une manière si cruelle la population de nos
montagnes. Eh ! comment en serait-il autrement
dans un pays où toutes les causes prédisposantes et
efficientes semblent se réunir pour donner plus d'a-
cuité à cette funeste maladie? les changements inces-
sants de l'atmosphère, les variations brusques de la
température dans ces gorges, dans ces vallées où l'on
éprouve souvent dans la même journée l'influence
des chaleurs de l'été et des frimats de l'hiver. Hippo-
crate avait déjà assigné cette particularité comm-
cause productrice de ces maladies : *in temporibus*,
quando eâdem die, modò calor, modò frigus fit,
morbos exspectare oportet.

L'accumulation des familles dans ces habitations
basses et humides, dans ces caves que nos nombreux
tisserands décorent du nom de boutiques, est une
des causes principales qui contribuent à faire naître
les scrofules et à les entretenir. C'est là que des
enfants entassés, privés des rayons bienfaisants
du soleil, respirent un air vicié, dépouillé d'oxigène,

et n'ont pour tout principe nutritif que de l'eau et ce tubercule farineux, la pomme de terre! C'est dans ces lieux meurtriers, où tout concourt à favoriser dans l'économie la prédominance des fluides blancs, que ces malheureux s'étiolent et couvent le germe de ces maladies strumeuses qui doivent les affecter un jour et qu'ils transmettront comme un triste héritage à leur génération future.

A côté des désordres même les plus grands, la nature a placé de nombreux correctifs pour contrebalancer le mal et rétablir l'équilibre : ainsi dans les maladies scrofuleuses une multitude de substances sont indiquées comme moyens curatifs, au nombre desquelles on distingue les préparations ferrugineuses comme étant propres à exciter l'action vitale en rendant au sang un de ses éléments constitutifs, qui est le fer.

. Les auteurs anciens avaient déjà préconisé ce minéral dans le traitement des affections strumeuses, et de nos jours Pujol et Baumes en ont tiré de grands avantages. Pénétré de cette vérité, j'ai à mon tour prescrit les eaux ferrugineuses de Chambost contre des scrofules invétérés et je n'ai eu qu'à m'applaudir de les avoir conseillées : les deux observations qui suivent viennent à l'appui de ce que j'avance :

Le nommé François B.... de Panissières, âgé de 20 ans, d'un tempérament lymphatique, offrait tous les signes caractéristiques d'une idiosyncrasie scrofuleuse. Ce jeune homme avait éprouvé dans son enfance de nombreux engorgements glandulaires ; deux des articulations des membres pulviens avaient été tuméfiées, et dernièrement il présentait autour du cou plusieurs vastes ulcères, d'où s'écoulait abondamment un pus de mauvaise nature : *ulcera circùm glabra maligna.*

Ce malade avait employé différents traitements, lorsqu'il vint me trouver. C'était vers le commencement de l'année 1837. Je fis d'abord comme mes confrères, je prescrivis avec les soins hygiéniques nécessaires, les médicaments qu'on donne ordinairement contre les affections scrofuleuses; ainsi j'ordonnai tour-à-tour les mercuriaux, les sulfureux, les anti-scorbutiques, les purgatifs, les préparations iodurées, les amers, etc. ; mais tout cet attirail pharmaceutique vint échouer devant l'intensité de la maladie. En dernière ressource, je conseillai de prendre les eaux ferrugineuses de Chambost ; la fontaine venait d'être achevée et la saison favorisait le traitement que je voulais faire suivre. Pendant tout l'été, François B.... but régulièrement par jour de 25 à 30 verrées d'eau minérale, quantité exorbitante et que peu de personnes pourraient supporter; soir et matin les ulcères étaient lavés et détergés avec la même eau. Mon malade avait un tel désir de se débarrasser de cette dégoûtante infirmité qu'il alla au-delà de mes prescriptions ; il prit grand nombre de bains de jambes et de bains entiers dans le réservoir de la fontaine. Les effets de ce traitement dépassèrent mes espérances. Au bout de quatre mois, les ulcères étaient cicatrisés, les engorgements dissipés et tout l'organisme présentait une disposition des plus favorables. Aujourd'hui le jeune

homme qui fait le sujet de cette observation se trouve
pour ainsi dire rétabli, et les eaux, qu'il a l'intention
de reprendre pendant la saison prochaine, achève-
ront sans doute d'enlever les derniers vestiges de la
maladie qui l'avait affligé si long-temps.

Claudine G.... de la commune de Chambost, âgée
de 22 ans, présentait tous les symptômes d'une affec-
tion scrofuleuse invétérée; plusieurs ulcères, situés
au cou et près de la clavicule gauche, don-
naient passage à un fluide aqueux, sanieux, qui
s'écoulait en grande abondance. Du reste, plusieurs
particularités relatives à la prédisposition de la maladie et aux traitements infructueux qu'elle a suivis se
trouvent consignées dans l'observation précédente. Il
me suffira de dire que j'employai dans cette circons-
tance le même traitement que pour François B....
les bains toutefois excéptés, et qu'au bout de quelques mois, ma malade se trouva dans un état des
plus satisfaisants.

Le fer et ses préparations sont employés avec
beaucoup d'avantage pour dissiper les phénomènes
morbides qu'on voit apparaître à la suite des longues
fièvres intermittentes. Cette heureuse influence est
due à la propriété que possède ce minéral de réparer la pauvreté du sang et la débilité des organes,
résultats presque toujours consécutifs d'un état
pyrétologique trop long-temps prolongé. Les eaux
ferrugineuses sont donc d'une indication précise
contre de tels effets pathologiques, et c'est avec raison que Boisseau les a vantées dans le traitement
des maladies de cette nature.

Les eaux de Chambost sont encore indiquées
dans l'aménorrhée, toutes les fois que la suppression
de l'hémorrhagie périodique est causée par une
modalité de faiblesse des organes spéciaux ou par
une atonie générale. Enfin leur emploi sera marqué
par des succès non équivoqués dans l'anémie, la
leucorrhée, le scorbut, la chlorose et généralement
dans toutes les maladies asthéniques.

Il convient ici de prémunir les personnes trop
faciles à s'engouer des moyens thérapeutiques nou-
veaux, soumis à leur disposition, contre le danger
qu'il y aurait de les employer d'une manière inop-
portune.

Comme je l'ai dit ailleurs, les eaux minérales sont
toujours excitantes en raison des différentes substances qui les composent, et il importe de remarquer
que si elles peuvent être administrées comme spé-
cifique dans les maladies atoniques, il n'en est pas
de même dans les maladies inflammatoires, où elles
sont formellement contre-indiquées. Ainsi toutes les
fois que la face sera rouge, la peau brûlante, que la
langue sera recouverte d'un enduit jaunâtre, blan-
châtre, que ses bords seront d'un rouge vif et sa
pointe aigüe; lorsque la pression sur l'épigastre, sur
l'abdomen donnera une sensation de douleur; chaque
fois qu'il y aura points pleurétiques, toux, crache-
ments de sang ou déjection alvine sanguinolente,
que le pouls sera fréquent, précipité, que la soif
sera ardente, il faudra bien se garder de prendre les
eaux ferrugineuses de Chambost; car si le malade né-
gligeait de suivre cet avis dicté par l'expérience, il

pourrait, par la surexcitation des causes morbifi-
ques, déterminer en lui une fâcheuse exacerbation et
s'exposer à tous les dangers qui en découlent.

Des précautions qu'on doit observer pour prendre efficacement les eaux de Chambost.

Il me reste encore quelques lignes à tracer pour
indiquer la manière dont on devra prendre les eaux
de Chambost et les précautions hygiéniques qu'il
est nécessaire d'observer pendant leur usage.

Et d'abord je dois m'attacher à dissiper une
erreur trop généralement accréditée, qui consiste
à croire que les résultats curatifs sont d'autant plus
marqués par des effets salutaires, que les eaux
minérales ont été prises en plus grande quantité,
ce qui est loin d'être une vérité toujours constante.

C'est d'après l'appréciation exacte d'une foule de
particularités relatives aux malades qu'on peut
déterminer d'une manière sûre la dose respective
des eaux minérales qui devra être administrée dans
le traitement des différentes maladies, lesquelles
particularités seront déduites de l'âge, du sexe,
du tempérament de ceux qui se soumettent à leur
influence, des substances pharmaceutiques qu'on
peut y ajouter pour en obtenir des médications plus
diverses, de la nature de la maladie, de l'époque,
de la saison, etc. Toutes ces indications ne sauraient
être parfaitement saisies que par ceux qui se sont
livrés d'une manière toute spéciale à l'étude de la
médecine. A défaut d'une observation rigoureuse de
ces règles enseignées par l'art, le malade s'expose à des

accidents qui peuvent acquérir une certaine gravité.

Dès que le mode de traitement sera entièrement arrêté, que le nombre des verrées d'eau minérale qu'on devra prendre sera fixé, que les médicaments à y ajouter seront spécifiés, le buveur devra autant que possible se rendre à la fontaine au lever du soleil ou après le coucher de cet astre (toutefois le matin vaut mieux que le soir), ces moments de la journée étant plus propices pour l'efficacité des eaux; car alors on n'a pas à craindre une réaction débilitante causée par les chaleurs du milieu du jour.

L'eau sera prise par verrées et bue immédiatement après sa sortie de la source ; on appréciera l'importance de l'observation de cette règle, si on se souvient qu'une matière grasse, bitumineuse entre dans la composition de ces eaux, qu'en raison de cette substance animale, l'eau exposée, même pendant peu de temps, à l'air et à l'action des rayons du soleil, doit se corrompre et perdre les qualités qui lui sont propres.

On ne devra donc en aucun cas emporter dans des bouteilles, dans des vases l'eau minérale de Chambost pour être bue long-temps après sa sortie de la fontaine. Ceux qui négligeraient de se soumettre à cet avis courraient risque de boire une eau trouble, croupie et malfaisante.

Un intervalle de cinq à dix minutes au moins devra s'écouler entre la prise de chaque verre d'eau et ce laps de temps sera employé à la promenade ou à des jeux qui n'exigent pas un exercice trop pénible.

Dans tous les cas, on devra s'abstenir de boire l'eau

minérale lorsque le corps sera en sueur, de même que dans cette disposition on évitera de stationner et de s'asseoir dans les endroits frais et humides qui environnent la fontaine.

Pendant les jours pluvieux, il convient de cesser de prendre les eaux minérales, d'abord parce qu'elles sont moins avantageuses dans les temps d'humidité, et qu'en second lieu il faut leur laisser le temps de reprendre leurs qualités naturelles qu'elles perdent momentanément par suite des grandes pluies et des inondations.

Le régime à suivre pendant qu'on est aux eaux doit être tonique; on s'abstiendra de faire usage des crudités, des mets trop salés, trop épicés; du reste les bonnes viandes, le bon vin à petites doses ne sont nullement contre-indiqués.

En terminant cette faible notice sur les eaux de Chambost, je dois signaler le regret que j'ai de ne pas avoir eu à y consigner plus d'observations relatives à leur action sur l'économie animale; mais plus tard, j'espère, je remplirai cette lacune.

Puissent les soins que j'ai apportés pour l'établissement de cette fontaine minérale, répandre quelques bienfaits sur le pays auquel j'ai voué ma carrière médicale. — Quant à moi, je serais trop largement recompensé de mes peines si je pouvais un jour dire avec Horace :

Fies nobilium tu quoque fontium.

FIN.

TABLE.

—

FIN DE LA TABLE.